奶产品质量与风险评估创新团队
中国农业科学院北京畜牧兽医研究所

# 中国奶产品质量安全研究报告

## （2015 年度）

王加启　郑　楠　主编

中国农业科学技术出版社

**图书在版编目（CIP）数据**

中国奶产品质量安全研究报告. 2015 年度 / 王加启，
郑楠主编. —北京：中国农业科学技术出版社，2016.3
　　ISBN 978-7-5116-2522-9

　　Ⅰ．①中…　Ⅱ．①王…②郑…　Ⅲ．①乳制品—产品
质量—安全管理—研究报告—中国—2015　Ⅳ．①TS252.7

中国版本图书馆 CIP 数据核字（2016）第 040381 号

**责任编辑**　徐定娜
**责任校对**　贾海霞

| | |
|---|---|
| 出　　版 | 中国农业科学技术出版社 |
| | 北京市中关村南大街 12 号　　邮编：100081 |
| 电　　话 | （010）82109707　82105169（编辑室） |
| | （010）82109702（发行部）　（010）82109709（读者服务部） |
| 传　　真 | （010）82106650 |
| 网　　址 | http://www.castp.cn |
| 经　　销 | 各地新华书店 |
| 印　　刷 | 北京富泰印刷有限责任公司 |
| 开　　本 | 787 mm×1092 mm　1/16 |
| 印　　张 | 3.75 |
| 字　　数 | 31 千字 |
| 版　　次 | 2016 年 3 月第 1 版　2016 年 3 月第 1 次印刷 |
| 定　　价 | 60.00 元 |

# 《中国奶产品质量安全研究报告（2015年度）》

# 编 委 会

# 前　言

绿色，孕育着希望。

奶产品质量与风险评估创新团队（以下简称"奶业创新团队"）是首批入选中国农业科学院国家农业科技创新工程的团队之一。奶业创新团队以推动国家奶业健康发展为使命，潜心凝练科学问题，着重解析奶产品质量与风险形成的规律，引领我国奶产品质量安全学科发展方向。

自 2008 年婴幼儿奶粉事件以来，我国奶产品质量安全状况一直受到国内外高度关注，消费信心低迷。这种形势要求我们必须科学评估奶产品的质量安全状况，并与关心奶业的社会各界，尤其是消费者开展充分交流。

为此，奶业创新团队依托农业部奶产品质量安全风险评估实验室（北京）和农业部奶及奶制品质量监督检验测试中心（北京），在国家奶产品质量安全风险评估专项、973 计划、公益性行业（农业）科研专项以及创新工程等支持下，联合全国 50 余家风险评估与质检单位，组建了全国奶产品质量与风险评估协同创新团队，通过多年的现场调研、取样验证和国内外文献综述工作，确定了影响奶产品质量安全的主要风险因子，包括违禁添加物、黄曲霉毒素 M1、兽药残留、重金属铅和热加工副产物因子糠氨酸等指标，经过近五年的科学研究，在研究方法、模型分析、结果积累、科学研判等方面经历了从无到有，从摸索到逐步完善的过程，取得了重要进展。

基于多年研究积累，奶业创新团队围绕产业难点、社会热点、国际动态等方面，对科研结果进一步分析凝练，形成了《中国奶产品质量安全研究报告（2015 年度）》，并希望以此为起点，建立我国奶产品质量安全年度报告制度，公开报告我国奶产品质量安全状况，一是明确质量安全的关键控制点，指导奶业生产，进一步提高质量安全水平；二是提出质量安全的风险点，为政府质量安全监管决策提供参考靶标；三是介绍我国奶产品质量安全变化情况，实现公开充分交流，科学引导消费。

需要着重说明的是，《中国奶产品质量安全研究报告（2015 年度）》是一份研究报告，完全立足于一个科研团队的研究结果和国内外资料综述，既不代表政府，也不代表行业组织。在内容上，每年都有不同的侧重点，不是全国普查，不能够面面俱到，也不能够一次回答或者解决所有的问题。因此，难免挂一漏万，存在不足之处，敬请批评指正。

# 目　录

# 一、国产牛奶到底安全不安全

奶业质量安全事关公众健康、国计民生、民族未来，意义重大。2008 年婴幼儿奶粉事件是一起重大的食品安全事件，也是我国奶业质量安全的转折点。面对历史使命、时代重托和国民期望，全国奶业界的同仁以浴火重生的勇气，认真吸取教训，举一反三，发奋图强，不断推进奶业质量安全工作。7 年时间转眼过去，作为从事奶业质量安全研究的国家奶业创新团队，我们有责任用客观、科学的研究结果来解答我国奶产品质量安全的真实状况。

## 1. 与国内其他食品比较

国家食品药品监督管理总局公布的数据显示，2015 年国家食品安全监督抽检中合格食品 166 769 批次，不合格食品 5 541 批次，合格率 96.8%，不合格率 3.2%。奶制品中合格产品 9 306 批次，不合格产品 44 批次，合格率 99.5%，不合格率 0.5%（表 1）。可以看出，奶制品不合格比例远低于整个食品的不合格比例，是名副其实的安全食品。

**表 1　国内食品安全比较**

| 记录情况 | 食　品 | 奶制品 |
| --- | --- | --- |
| 合格批次 | 166 769 | 9 306 |
| 不合格批次 | 5 541 | 44 |
| 不合格比例（%） | 3.2 | 0.5 |

数据来源：国家食品药品监督管理总局

## 2. 与国际奶产品比较

国际奶产品安全情况如何呢？欧盟官方的食品与饲料快速预警系统（RASFF）2013 年年度报告中，食品不合格通报3 137 起，其中奶产品相关 43 起，占 1.4%；2014 年年度报告中，食品不合格通报 3 097 起，其中奶产品相关 66 起，占2.1%。2015 年，国家食品药品监督管理总局发布报告显示，我国不合格食品 5 541 批次，其中不合格奶产品 44 批次，不合格奶产品仅占不合格食品的 0.8%（表 2）。可见，即使与国际先进水平相比，当前我国奶产品安全整体上也已经达到很高水平。

表 2　与欧盟奶产品安全比较

| 类　　别 | 欧　　盟 | 欧　　盟 | 中　　国 |
|---|---|---|---|
| | 2013 年不合格通报次数 | 2014 年不合格通报次数 | 2015 年不合格批次 |
| 食　　品 | 3 137 | 3 097 | 5 541 |
| 奶产品 | 43 | 66 | 44 |
| 奶产品比例（%） | 1.4 | 2.1 | 0.8 |

数据来源：国家食品药品监督管理总局和 RASFF

# 3. 生鲜乳质量安全

农业部连续 7 年实施生鲜乳质量安全监测计划，三聚氰胺等违禁添加物抽检合格率保持在 100%，规模牧场生鲜乳的乳蛋白、乳脂肪含量均大幅高于国家标准（新华社新华网，2015）。近年来，我国多个乳品企业的多款产品在国际奶制品质量评比中获奖，或通过国际权威机构认证。这些充分说明，我们完全有能力生产出安全优质的奶制品。

2008 年后，我国奶业质量安全水平的提高经历了从被动应急到从容部署，从迷茫困惑到信念坚定，从技术空白到国际认可，最终实现了从量变到质变的巨大飞跃。欧洲重大食品安全事件——疯牛病事件，从发生、隐瞒、争论、采取措施到消费信心恢复也历经了十余年曲折。婴幼儿奶粉事件让我们付出的代价很沉重，但是，这 7 年形成的不放弃、不沉沦、众志成城、攻坚克难的精神，以及让我们的民族、子孙后代更安全、更健康的坚定信念，也是一笔宝贵的财富。

# 二、奶业形势分析

改革开放以来，我国奶业发展取得了巨大成就，生产能力、生产方式、质量安全和法规制度建设等都取得了重要进展。我国奶牛存栏稳定在 1 400 万头以上，生鲜乳产量稳定在 3 500 万吨以上，居世界第三位，人均奶类占有量从 1978 年不足 1 千克提高到 2014 年的 33.8 千克。现在市场上奶制品种类齐全、供应充足，成为人们的日常消费品。

当前奶业发展也面临着不少困难与挑战，主要表现为奶牛养殖数量和生鲜乳产量增长趋缓，奶农养殖效益偏低，消费者对国产奶信心不足，奶制品进口量猛增，对我国奶业发展冲击较大。

## 1. 奶牛养殖数量和生鲜乳产量总体平稳，养殖方式加快转变

2008 年至 2015 年，奶牛存栏量年均递增率为 2.1%，生鲜牛乳产量年均递增率为 0.8%。2015 年奶牛存栏量约为

1 430 万头（预计数），比 2014 年存栏量降低了 2.1%。2015 年生鲜牛乳产量为 3 755 万吨，比 2014 年产量增加了 0.8%（图 1）。

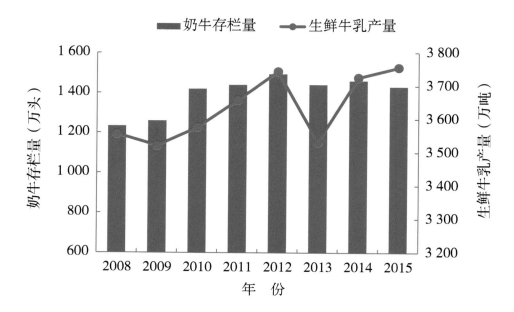

**图 1   2008—2015 年我国奶牛存栏和生鲜牛乳产量统计**

数据来源：国家统计局（2015 年奶牛存栏量数据为预计数）

奶牛养殖方式加快向规模化发展。2014 年，存栏 100 头以上的奶牛规模养殖比重达到 45.2%，比 2008 年增长 25.7 个百分点，2015 年规模养殖进程进一步加快，规模比重有望达到 50%（图 2）。规模牛场和小区 100% 实现机械化挤奶。

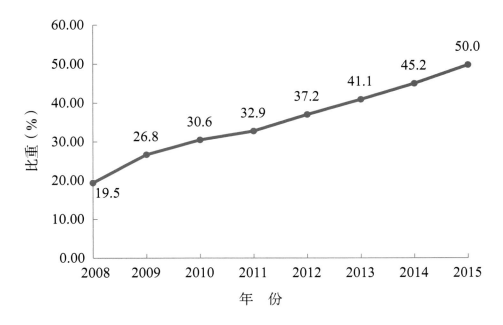

**图 2　2008—2015 年我国奶牛养殖 100 头以上规模比重统计**

数据来源：中国奶业统计摘要（2015）（2015 年数据为预计数）

　　2015 年全年生鲜乳平均收购价格为 3.45 元 / 千克，较 2014 年平均价格下降 14.8%。出现这种情况主要是因为 2013 年奶源供应偏紧，生鲜乳价格持续上涨，奶牛养殖效益较好，刺激了奶牛养殖积极性，2014 年奶牛存栏数量增加。但是，进入 2014 年后，形势急转直下，由于消费增长缓慢，加之奶制品进口增加，2014 年奶源供应由偏紧转变为充足，部分区域、部分阶段出现了供过于求，奶源价格持续走低，养殖效益大幅度下滑，加快了奶牛淘汰，因此，2015 年奶牛存栏预计小幅减少。但由于退出奶牛养殖的多为散户，规模化程度进一步集中，单产水平提高，使得奶类产量预计略有增长。

## 2. 奶制品加工量和消费量持续增长，乳品企业加快整合

2008年至2015年，奶制品加工量和消费量年均递增率均在6.0%以上，远高于生鲜乳产量年均递增0.8%的速度，主要原因为奶制品进口量增加，为加工业提供了额外的原料。2014年我国进口各类奶制品近193.39万吨，比2013年增长12.8%，折合生鲜乳约1200万吨，约占国内生鲜乳总量的32%。

2015年奶制品加工量2761.1万吨（预计数），比2014年2651.8万吨增长4.1%（图3）；奶制品净消费量2919.6万吨（预计数），比2014年2829.1万吨增长3.2%。

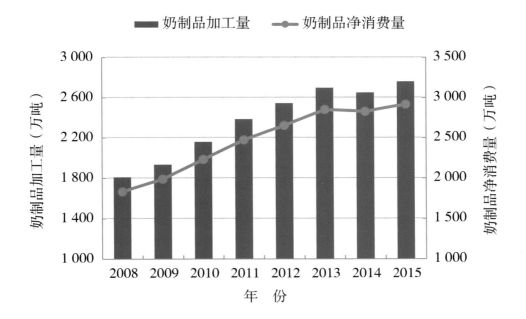

**图 3　2008—2015 年我国奶制品加工量和净消费量**

数据来源：国家统计局（2015 年数据为预计数）

（国内奶制品净消费量 = 国内奶制品产量 + 奶制品进口量 - 奶制品出口量）

截至 2015 年 10 月底，审核发证的乳品企业 711 家，婴幼儿配方奶粉企业 99 家，合计共 810 家。与 2014 年 11 月份的 896 家相比，减少了 86 家。与 2008 年的 1 600 多家相比，减少一半多。

# 3. 国际奶业竞争日趋激烈，对国内奶业冲击较大

自改革开放以来，特别是中国加入 WTO，中新、中澳等多个自贸协定签署后，我国奶业国际关联度越来越高。2014年，全球奶类产量 8.02 亿吨（图 4），比 2013 年增长 3.3%。2015 年，全球奶类产量预计 8.18 亿吨，比 2014 年增长 2.0%。全球奶类产量增加，市场供给充足，支撑生鲜乳价格高位运行的因素被削弱。因此，自 2014 年以来国际生鲜乳的价格总体持续走低。

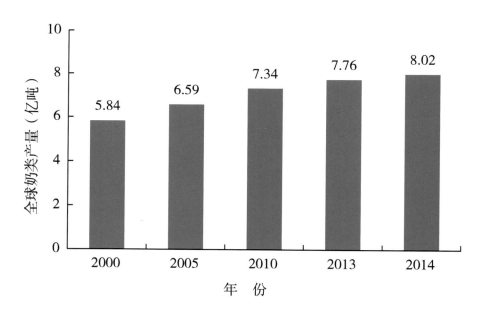

图 4　2000—2014 年全球奶类产量

数据来源：中国奶业统计摘要（2015）

2014 年全球生鲜乳价格平均为 43.8 美元 /100 千克（折合人民币 2.69 元 / 千克），比 2013 年下降了 11.3%；2015 年全球生鲜乳价格平均为 29.4 美元 /100 千克（折合人民币 1.81 元 / 千克），比 2014 年下降 32.9%。2014 年和 2015 年我国生鲜乳价格平均为 4.05 元 / 千克和 3.45 元 / 千克，与国际相比，仍然较高。国内外价格有较大差异，拉动了进口量的增加。

在 2014 年进口的 193.39 万吨奶制品中，有 32.89 万吨液态奶（含酸奶）、92.34 万吨大包奶粉（包括全脂、脱脂）、12.14 万吨婴幼儿配方奶粉、0.92 万吨炼乳、6.60 万吨奶酪、8.04 万吨黄油和 40.47 万吨乳清粉（图 5）。

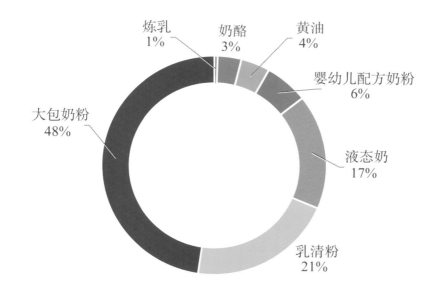

**图 5  2014 年我国进口奶制品类型**

数据来源：中国奶业统计摘要（2015）

就液态奶而言，有 25.19 万吨从德国、新西兰、澳大利亚、法国进口，占进口总量的 78.7%。其中，从德国进口 12.57 万吨，占进口总量的 39.2%；从新西兰进口 4.52 万吨，占进口总量的 14.1%；从澳大利亚进口 4.25 万吨，占进口总量的 13.3%；从法国进口 3.85 万吨，占进口总量的 12.0%。

就大包奶粉而言，有 82.89 万吨进口于新西兰、美国、澳大利亚、法国，占进口总量的 89.8%。其中，从新西兰进口 72.81 万吨，占进口总量的 78.9%；从美国进口 4.98 万吨，占进口总量的 5.4%；从澳大利亚进口 3.30 万吨，占进口总量的 3.6%；从法国进口 1.80 万吨，占进口总量的 1.9%。

据国际乳品联合会（IDF）预测，2016 年全球奶类产量将持续增长，国际生鲜乳及奶制品低价竞争仍将比较激烈，国内生鲜乳生产和奶制品加工依然面临较大压力。

# 三、生鲜乳质量安全风险评估研究

奶牛养殖业是整个奶业的基础，生鲜乳质量安全也影响终端奶制品的质量安全状况。近年来，国内有很多讨论，有人认为国产奶制品消费不振，主要是因为生鲜乳质量安全状况不好，但这仅是一种猜测或者疑问，并没有任何依据。为了科学、客观评价我国生鲜乳质量安全状况，回答各种疑问，奶业创新团队从 2013 年开始，每年都在全国范围内系统开展生鲜乳质量安全风险评估研究，形成了较为全面的研究结果，得出了生鲜乳质量安全状况的基本结论。

## 1. 风险评估基本情况

《食品安全国家标准—生乳》（GB19301-2010）中生乳（也称生鲜乳）的定义是指从符合国家有关要求的健康奶畜乳房中挤出的无任何成分改变的常乳。

2013 年、2014 年和 2015 年，奶业创新团队组织全国协同创新团队一起，对我国生鲜乳质量安全状况开展了系统风险评估研究，在生鲜乳质量安全风险评估的数据积累和科学研判方面取得重要进展。

以 2015 年为例，奶业创新团队针对工作重点和难点，组织专家多次研讨论证，制定了科学的技术路线和工作方案，筛选了违禁添加物、残留污染物、卫生健康因子等关键风险点开展评估，评估区域覆盖我国 5 大奶业产区的 15 个省份，现场采样并验证分析了 3 000 余批次样品。

尤为重要的是，奶业创新团队综合 2013 年、2014 年和 2015 年连续三年风险评估研究的结果，凝练出了我国生鲜乳质量安全整体状况的重要结论，提出了相关建议。

## 2. 风险评估研究结果

### （1）违禁添加物

自 2008 年起，原卫生部连续公布了食品中可能违法添加的非食用物质名单，其中与生鲜乳或奶制品有关的包括三聚氰胺、硫氰酸钠、革皮水解物、β－内酰胺酶、工业用碱等非食用物质。

奶业创新团队及其全国协同创新团队，对三聚氰胺、硫氰酸钠、革皮水解物、β－内酰胺酶、工业用碱等非食用物质进行了现场调查、实验室检测、风险分析确证，连续三年没有发现生鲜乳中存在人为违法添加非食用物质的情况。农业部从2009年开始实施生鲜乳质量安全监测计划和专项整治，监测范围覆盖全国所有奶站和运输车，覆盖国家公布的所有违禁添加物，截至2014年，累计抽检生鲜乳样品12.4万批次，三聚氰胺等违禁添加物检测全部合格（新华社新华网，2015）。这表明监管工作取得巨大成效，通过每年对每个省所有奶站生鲜乳中的三聚氰胺全覆盖监测，已经完全遏制了三聚氰胺的违法添加现象。风险评估结果再次证明，通过加强监管和普及食品安全教育，我国生鲜乳中人为违法添加非食用物质的现象得到根本控制，整体情况实现质的转变。

**（2）黄曲霉毒素M1**

奶牛采食被黄曲霉毒素B1污染的饲料后，黄曲霉毒素B1在奶牛体内代谢，通过羟基化作用转化成黄曲霉毒素M1，部分被转运到牛奶中。黄曲霉毒素M1的危害主要表现为致癌性和致突变性，对人及动物肝脏组织有破坏作用。因此，世界各国都把监测和防控黄曲霉毒素M1作为保障奶产品质量安全的重要任务。

黄曲霉毒素来自环境中霉菌的天然污染，无论哪个国家，都不能做到生鲜乳或者奶制品中绝对不含有黄曲霉毒素。因此，国际上控制黄曲霉毒素危害的主要措施是根据对人体健康危害的暴露评估研究结果，科学制定安全限量标准，只要黄曲霉毒素不超过限量标准，就是安全的，不影响人体健康。目前国际上有两大类限量标准，一是以欧盟为代表的限量标准 0.05 μg/kg，二是以国际食品法典委员会（CAC）和美国、中国等国家为代表的限量标准 0.5 μg/kg。2000 年联合国食品添加剂及污染物法典委员会（CCFAC）对黄曲霉毒素 M1 进行暴露评估研究，表明在相同条件下，这两种限量标准对健康影响没有显著差异（FAO，2004）。这两种限量标准并存数十年，主要是不同国家及国际组织之间经济贸易的考量。

奶业创新团队对我国生鲜乳中黄曲霉毒素 M1 进行系统风险评估研究发现，粗饲料中黄曲霉毒素 B1 的污染是生鲜乳中黄曲霉毒素 M1 含量高低的关键控制点，建立了通过控制含水量防止粗饲料霉变的技术，制定了《生鲜乳中黄曲霉毒素 M1 控制技术规程》，从饲料收购、贮存、监测、使用到奶畜饲养提出了明确的技术控制关键点，在奶牛生产中示范应用，有效降低了我国生鲜乳中黄曲霉毒素 M1 的污染风险。

奶业创新团队关于我国牛奶中黄曲霉毒素 M1 风险评估研究结果已经在国际学术杂志上发表（Han 等，2013），并与不同国家进行了比较（表 3）。

## 表 3 不同国家牛奶中黄曲霉毒素 M1 污染的比较

| 国家或组织 | 样本数 | 检出黄曲霉毒素 M1 样本数 | 超标率（%） | 参考文献 |
| --- | --- | --- | --- | --- |
| 欧　盟 | 2 328 | 未通报 | 0.43 | EFSA，2015 |
| 葡萄牙 | 31 | 25 | 0 | Martins 等，2000 |
| 意大利 | 161 | 125 | 0 | Galvano 等，2001 |
| 英　国 | 100 | 3 | 0 | UKFSA，2001 |
| 泰　国 | 270 | 257 | 18 | Kriengsag，1997 |
| 印度尼西亚 | 342 | 199 | 21 | Henry 等，2001 |
| 韩　国 | 70 | 39 | 0 | Kim 等，2000 |
| 日　本 | 298 | / | / | Iqbal 等，2015 |
| 巴　西 | 125 | 119 | 0 | Shundo 等，2009 |
| 中　国 | 200 | 45 | 0 | Han 等，2013 |

注：超标率按照所在国的限量标准计量

牛奶中黄曲霉毒素 M1 检出样品的平均值研究报道相对较少，日本为 0.085 μg/kg（Iqbal 等，2015），韩国为 0.031 μg/kg（Kim 等，2000），中国为 0.015 μg/kg（Han 等，2013），上述各国虽然稍有差异，但是都没有出现超过限量标准 0.5 μg/kg 的状况（图 6），而印度尼西亚和泰国则分别有 21% 和 18% 的牛奶样品中黄曲霉毒素 M1 含量超出了 0.5 μg/kg 限量标准（Kriengsag，1997；Henry 等，2001）。

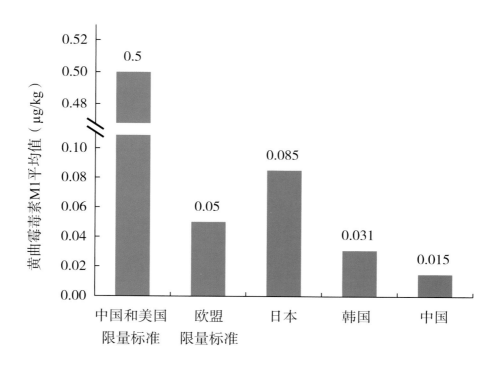

**图 6 不同国家牛奶中黄曲霉毒素 M1 检出样品的平均值**

综合奶业创新团队风险评估研究结果并结合国际文献报道，可以清楚地看出，我国生鲜乳中黄曲霉毒素 M1 污染的风险控制要优于欧盟国家中的葡萄牙、意大利和克罗地亚，与英国相比还有差距，但是要明显优于韩国、巴西、泰国和印度尼西亚。这些数据表明随着风险评估研究结果在生产中得到示范应用，为政府和产业提供了重点监管目标和防控技术支撑，使得我国生鲜乳中黄曲霉毒素 M1 风险防控力度进一步加大，取得明显成效，整体上达到较高质量安全水平。

## （3）兽药残留

生鲜乳中兽药残留是指奶畜在养殖过程中，由于兽药使用不规范导致生鲜乳中残存的兽药及其代谢产物，其存在严重影响奶产品质量安全。因此，开展生鲜乳中兽药残留风险评估工作，摸清我国奶畜养殖场中主要用药、使用方式、代谢规律以及残留风险，制定《生鲜乳中兽药残留防控技术规程》，对保障我国生鲜乳质量安全显得尤为必要。

2015 年，奶业创新团队及其全国协同创新团队对 15 个省（区、市）的生鲜乳中兽药残留状况进行了风险评估（图 7），开展了生鲜乳中兽药残留代谢规律及消除动力学研究，制定了《生鲜乳中兽药残留防控技术规程》。经风险评估研究结果确证，2015 年所有样品中未检测出违禁兽药，也没有超过我国限量标准的状况。

**图 7　风险评估研究人员开展现场兽药残留调研并取样检测**

在国际上，生鲜乳中体细胞数高低是判断养殖场奶牛乳房炎和兽药残留状况的重要指标。美国限量标准是每毫升生鲜乳中不超过 75 万个，欧盟限量标准更严，要求不超过 40 万个。

　　针对我国缺少生鲜乳中体细胞数风险评估数据的状况，奶业创新团队及其全国协同创新团队从 2013 年到 2015 年对我国生鲜乳中体细胞数开展了全面系统的风险评估工作。评估结果表明，我国生鲜乳中体细胞数逐年显著下降，这是证明我国生鲜乳中兽药残留的风险下降，生鲜乳质量安全水平逐年提升的又一有力证据。生鲜乳体细胞数评估结果与兽药残留风险评估结果高度一致，相互验证了风险评估研究工作的科学性、有效性。

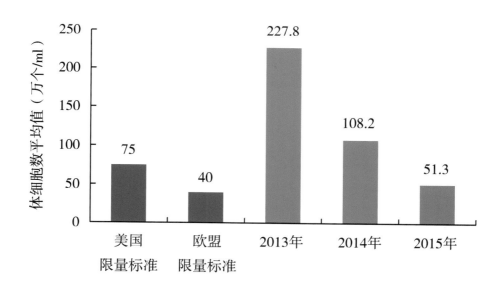

**图 8　近三年我国生鲜乳中体细胞数平均值变化**

　　生鲜乳中体细胞数显著降低，尤其是 2015 年，整体平均值已经低于美国的限量标准。这反映近 3 年来，在国家惠农政策的大力支持下，我国奶牛养殖方式发生了根本变化，标准化规模养殖已经成为产业的主体，技术进步的巨大支撑作用日益明显，预示着我国奶业发展前景充满希望。

# 四、国产与进口液态奶质量安全风险评估比较研究

2008 年婴幼儿奶粉事件后，我国消费者对国产奶制品的质量安全信心下降，甚至盲目热衷进口奶制品。近几年除了奶粉外，国外液态奶也大量涌入我国市场。那么我国市场上国产液态奶与进口液态奶的质量安全状况到底如何，值得深入研究。为此，奶业创新团队及其全国协同创新团队对我国主要大城市销售的液态奶情况进行调研、检测和验证，系统开展了我国市售国产与进口液态奶质量安全的风险评估比较研究。

## 1. 风险评估基本情况

2015 年选择我国主要大城市 23 个，包括北方 12 个和南方 11 个（表 4），每个城市选择 2 家大型超市，对当地销售的巴氏杀菌奶、超高温瞬时（UHT）灭菌奶和部分调制奶等液

态奶的品牌、产地、包装类型、保质期、上架期等情况进行调研。

**表 4　液态奶风险评估采样城市**

| 区　域 | 城　　　市 |
|---|---|
| 北　方 | 哈尔滨、长春、呼和浩特、北京、天津、大连、石家庄、银川、青岛、西安、太原、郑州 |
| 南　方 | 苏州、上海、杭州、武汉、重庆、长沙、南昌、厦门、昆明、广州、深圳 |

在调研的基础上，从每个调研城市选择当地生产主要品牌、主要进口品牌和全国主导品牌，共抽取样品 198 批次，同时从网上购买 2 批次进口巴氏杀菌奶，共 200 批次液态奶，包括国产品牌液态奶 150 批次，进口品牌液态奶 50 批次，验证了黄曲霉毒素 M1、兽药残留、重金属铅和热加工副产物因子糠氨酸等主要风险因子（表 5）。

**表 5　国产和进口液态奶取样信息**

| 品牌批次 | UHT 灭菌奶 | 巴氏杀菌奶 | 合　计 |
|---|---|---|---|
| 国　产 | 112 | 38 | 150 |
| 进　口 | 46 | 4 | 50 |

## 2. 风险评估研究结果

### （1）黄曲霉毒素 M1

国产 UHT 灭菌奶中检出黄曲霉毒素 M1 样品的平均值为 0.013 μg/kg，进口 UHT 灭菌奶检出黄曲霉毒素 M1 样品的平均值为 0.010 μg/kg，国产与进口产品之间无显著性差异（$P >$ 0.05），均没有超过欧盟 0.05 μg/kg 及中国和美国 0.50 μg/kg 的限量标准（表 6）。

国产巴氏杀菌奶中检出黄曲霉毒素 M1 样品的平均值为 0.019 μg/kg，进口巴氏杀菌奶中检出黄曲霉毒素 M1 样品的平均值为 0.023 μg/kg，国产与进口产品之间无显著性差异（$P > 0.05$），均没有超过欧盟 0.05 μg/kg 及中国和美国 0.50 μg/kg 的限量标准（表 6）。

表 6　国产与进口液态奶中检出黄曲霉毒素 M1 样品的平均值

| 指　标 | UHT 灭菌奶 | | 巴氏杀菌奶 | | 限量标准 | |
| --- | --- | --- | --- | --- | --- | --- |
| | 国产 | 进口 | 国产 | 进口 | 中国美国 | 欧盟 |
| 黄曲霉毒素 M1 平均值（μg/kg） | 0.013 | 0.010 | 0.019 | 0.023 | 0.50 | 0.05 |

## （2）兽药残留

对 112 批次国产 UHT 灭菌奶和 46 批次进口 UHT 灭菌奶，38 批次国产巴氏杀菌奶和 4 批次进口巴氏杀菌奶进行了兽药残留风险评估研究，结果表明，无论是国产品牌，还是进口品牌，都不存在使用违禁兽药或超过限量标准的情况。

## （3）重金属铅

112 批次国产 UHT 灭菌奶中铅检出样品的平均值 0.004 mg/kg，46 批次进口 UHT 灭菌奶中铅检出样品的平均值为 0.003 mg/kg，两者之间无显著性差异（$P > 0.05$）。所有国产和进口 UHT 灭菌奶中铅含量均低于欧盟 0.02 mg/kg 和我国 0.05 mg/kg 的限量标准（图 9）。

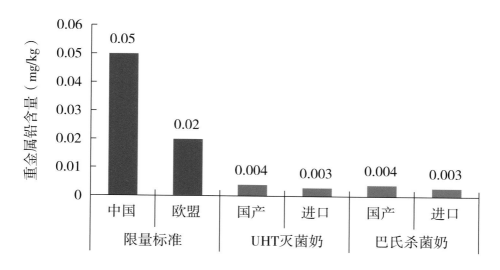

**图 9　国产和进口液态奶中铅检出样品的平均值**

38 批次国产巴氏杀菌奶中铅检出样品平均值为 0.004 mg/kg，4 批次进口巴氏杀菌奶中铅检出样品的平均值为 0.003 mg/kg，两者之间无显著性差异（$P > 0.05$）。所有国产和进口巴氏杀菌奶中铅含量均低于欧盟 0.02 mg/kg 和我国 0.05 mg/kg 的限量标准（图 9）。

### （4）热加工副产物因子—糠氨酸

据国内外文献报道，生鲜乳中糠氨酸（Furosine）含量微乎其微，约为 2 ～ 5 mg/100 g 蛋白质，且含量不受奶牛品种和饲养环境变化影响，但是经过热加工后奶制品里糠氨酸含量增幅很大。其原因是由于乳蛋白质的氨基在热处理条件下，与乳糖的羰基发生了化学反应（美拉德反应），生成糠氨酸。因此，糠氨酸是牛奶加工过程中出现的副产物，热加工程度越强，糠氨酸含量越高（Van Renterghem 等，1996）。

在国际上，把糠氨酸含量作为反映牛奶热加工程度的一个敏感指标。糠氨酸含量过高，表明牛奶中乳球蛋白等生物活性物质损失严重，消费者喝到的就不是优质牛奶。

奶业创新团队及全国协同创新团队开展的风险评估研究结果表明，112 批次国产 UHT 灭菌奶中糠氨酸的平均值为 196.1 mg/100 g 蛋白质，46 批次进口 UHT 灭菌奶中糠氨酸的平均值为 227.0 mg/100 g 蛋白质，显著高于国产品牌（$P$ < 0.05）（图 10）。

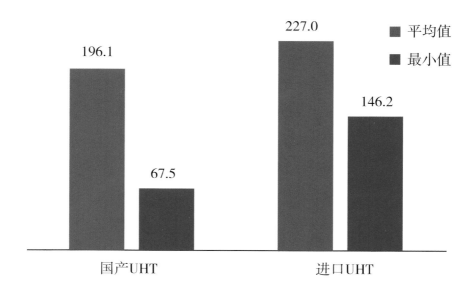

**图 10　UHT 灭菌奶中糠氨酸的含量（mg/100 g 蛋白质）**

　　根据风险评估的研究结果判断，46 批次进口 UHT 灭菌奶中，81.8% 属于正常 UHT 灭菌奶，18.2% 属于过热加工 UHT 灭菌奶。4 个批次进口品牌巴氏杀菌奶中，2 批次为正常巴氏杀菌奶，1 批次添加了复原乳，1 个批次为非巴氏杀菌奶而使用了巴氏杀菌奶的外包装（表 7）。

表 7　进口品牌巴氏杀菌奶中乳果糖与糠氨酸含量

| 名　称 | 采样地点 | 乳果糖（L）（mg/L） | 糠氨酸（F）（mg/100 g 蛋白质） | 乳果糖/糠氨酸（L/F） | 评估结果 |
|---|---|---|---|---|---|
| 品牌 1 | 广州 | 10.9 | 75.4 | 0.1 | 含有复原乳 |
| 品牌 2 | 广州 | 120.3 | 57.0 | 2.1 | 非巴氏杀菌奶 |
| 品牌 3 | 互联网 | 1.6 | 7.0 | — | 正常巴氏杀菌奶 |
| 品牌 4 | 互联网 | 4.6 | 6.7 | — | 正常巴氏杀菌奶 |

# 五、总体结论

2013 年到 2015 年连续三年的风险评估研究结果表明，**我国奶产品质量安全风险完全处于受控范围内，整体情况较好，确实为历史最好水平。**

第一，**我国生鲜乳中不存在人为添加三聚氰胺等违禁添加物的现象。**自婴幼儿奶粉事件以来，我国狠抓生鲜乳质量安全监管工作，取得巨大成效，完全遏制住了违禁添加等违法行为，效果持续稳定。

第二，**随着奶牛养殖方式快速转变，生鲜乳各项安全指标不断改善。**风险评估结果表明，生鲜乳中黄曲霉毒素 M1 的风险评估值与国际先进水平相比没有显著差异，也没有超出限量标准的状况。兽药残留全部符合国家安全限量标准，体细胞数逐年显著下降，2015 年体细胞数平均值已经低于美国限量标准，奶牛健康状况得到显著改善，为优质乳发展打下了坚实基础。

第三，进口液态奶存在过热加工风险，建议加强对进口液态奶的风险评估。风险评估结果表明国产与进口液态奶相比，黄曲霉毒素 M1、兽药残留和重金属铅等主要风险因子没有显著差异，均符合我国国家安全限量标准。但是，进口液态奶的保质期和上架期均显著长于国产液态奶，进口 UHT 灭菌奶的糠氨酸含量显著高于国产 UHT 灭菌奶。进口液态奶存在过度加热和添加复原乳的风险。因此，为保护广大消费者的健康和利益，应加强对进口液态奶的风险评估研究，用科学的风险评估数据引导消费者理性消费。

# 六、专题报告：

## 建议我国实施"优质乳工程"

■ "优质乳工程"是全面振兴奶业的必由之路

■ "优质乳工程"的主要内容

■ "优质乳工程"的保障措施

# 建议我国实施"优质乳工程"

## 王加启

未来 10 年，我国奶业振兴面临两个主要难题，一是质量安全信息交流不够，导致消费信心不足；二是奶业链利益分配失衡，导致奶农效益偏低。有一个途径能够同时解决这两个难题，就是实施"优质乳工程"。

**超市里的一盒牛奶是不是优质牛奶？**目前没有任何标准，完全靠广告。乳品加工企业把大量资金用于广告，而不重视奶牛养殖、原料奶质量、加工工艺的过程控制，所以质量安全水平不高；消费者不知道这盒牛奶所用原料奶的等级和加工程度，喝不到真正的优质牛奶，就永远不可能建立消费信心。

**奶农养殖效益为什么长期偏低？**是因为乳品加工企业依靠广告卖牛奶，与奶农没有关系。乳品加工企业不论收购什么质量的原料奶，都能卖给消费者。奶农如果生产优质原料奶，就会增加成本，但是收入变化不大，效益反而更低。其根源在于，原料奶、奶制品、消费者三者之间是断裂的。

为此，建议实施"优质乳工程"。"优质乳工程"是能够同时解决消费信心低迷和利益分配失衡的核心纽带。

**"优质乳工程"要求每一盒乳制品包装上都要明确标识原料奶的质量等级和加工参数。**消费者只要拿到这盒乳制品，就能一目了然其质量状况和加工程度，真正做到明白消费、安全消费、有信心消费，这是提升国产乳制品消费信心的根本途径。

**"优质乳工程"还天然地、彻底地把原料奶的质量等级、乳品加工与消费者直接联系在一起。**消费者需要优质乳制品，优质乳制品需要优质原料奶，优质原料奶需要规范化养殖技术，规范化养殖技术需要合理的成本投入并得到回报。这样，奶业链中的消费、加工、养殖等不同环节就从原来的断裂状态改变成为一个有机整体，从根本上解决了长期以来整个产业链利益分配失衡的难题。

## 一、"优质乳工程"是全面振兴奶业的必由之路

### 1. 奶业面临发展方向的艰难抉择

自 2008 年婴幼儿奶粉事件以来，在党中央、国务院的正确领导下，各级政府和奶业界同仁众志成城，攻坚克难，大

力推动奶业生产方式的转变，在养殖、加工、质量安全等方面取得了巨大进步，基本实现了奶业恢复的阶段性任务。

但是，我们也要清醒地认识到，奶业距离全面振兴的目标还有很大距离。从2008年到2012年的5年间，我国奶类产量年增长率不到2%，出现典型的"爬坡顶"现象（图1）。

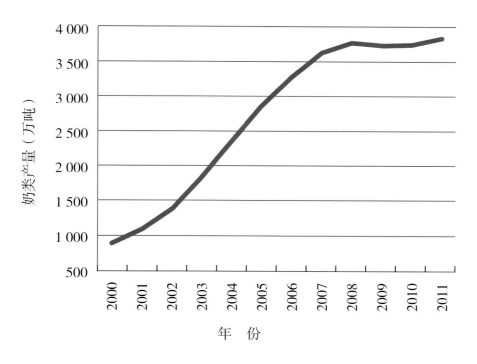

**图1 我国奶业过早出现"爬坡顶"现象**

奶业发达国家也出现过典型的"爬坡顶"现象，比如美国和德国，2009年到2011年奶类产量同比增长都没有超过2%，其特点是人均占有奶量超过260kg，国内消费市场基本饱和。而我国人均占有奶量不到 40 kg，国内消费市场远远没有饱和。2008 年以来，我国乳制品进口的年增长率达到 30% 以上，干乳制品年进口量已经超过 100 万吨，成为世界第一乳品净进口大国。

生产停滞，进口猛增，值得警惕。究其根本原因，一是奶业质量安全状况依然不稳定，又有境内外借机炒作，夸大危害，抹黑国产乳制品，导致广大消费者对国产乳制品心存疑虑，消费信心低迷；二是长期以来我国奶业链中利益分配严重不平衡，奶农处于弱势地位，效益一直偏低，造成优质奶源供应不足。由于奶粉是婴幼儿的必需食品，如果过度依赖进口，不仅导致我国奶业失去了技术创新和经济效益的制高点，而且很多家庭都要为之付出代价，也可能成为社会问题。

我国奶业向何处去？

## 2. "优质乳工程"是解决我国奶业难题的战略举措

我国奶业目前出现的"爬坡顶"现象，既不是因为人均占有奶量高，也不是因为国内消费市场饱和。实际上，这一现象表明奶业在探索新的方向。面对消费信心低迷、产业链利益分配失衡等问题，如果没有清楚、正确的方向，奶业就不会焕发出新的生命力。

**当前，实施"优质乳工程"是引领奶业发展方向、解决奶业发展难题的战略举措。**

通过实施"优质乳工程"，消费者就能够明确知道其消费的每一盒乳制品，是不是使用优质原料奶、是不是使用标准加工工艺、最终的产品是不是优质乳制品，真正做到明白消费、安全消费、有信心消费，这是提升国产乳制品消费信心的根本途径。欧盟肉牛业从"疯牛病"中恢复和发展的经验表明，消费信心是产业发展的生命，也是政府攻坚克难，有所作为的标志。

通过实施"优质乳工程"，让消费者认识和放心消费优质乳制品，乳品加工企业按照优质优价的原则购买优质原料奶，养殖者有能力增加投入生产优质原料奶。这样，就通过相互依存的纽带，天然地、彻底地把原料奶的质量等级、乳品加工与消费者直接联系在一起，奶业链中的消费、加工、养殖等不同环节就从原来的相互断裂改变成为一个有机整体，从根本上解决了整个产业链利益分配长期失衡的难题。

因此，实施"优质乳工程"，能够使奶业工作从被动应急转变为主动谋划，推动发展方式转变，生产优质产品，让消费者放心消费，让产业链利益合理分配，保障奶业和谐、健康、可持续发展，是实现奶业全面振兴的必由之路。

## 二、"优质乳工程"的主要内容

"优质乳工程"包括 3 个主要内容，一是创建优质乳标识制度，并依法运用和监管；二是推动奶牛养殖技术升级，以保障优质原料奶的稳定生产、供给；三是全面实施乳制品加工工艺标准化监管，彻底消除企业随意改变工艺的乱象，确保为消费者提供营养丰富、安全可靠的优质乳制品。

### 1. 创建优质乳标识制度

**优质乳标识制度的创建、运用和监管是"优质乳工程"的核心内容和首要条件。**优质乳标识的含义是要求每一盒乳制品包装上都要明确标识原料奶的质量等级和加工参数。这既是实现消费者知情权的基本法律要求，也是引导乳品加工企业把大量广告投资用于收购优质原料奶的有效措施。只有当乳品加工企业真正需要收购优质原料奶时，才能让生产优质原料奶的奶农得到优质回报，实现公平合理的利益分配，避免劣币驱逐良币。这是国际上发展优质乳的成功经验。美国在 1924 年颁布"优质乳条例"（PMO），到今年共 91 年，修订 39 版。正是因为对优质乳条例坚持不懈的执行（图 2），使得美国的优质乳（Grade A）比例达到了 98% 以上，由牛奶引起的食源性疾病发生率从 1938 年的 25% 下降到目前的小于 1%。

**图 2　美国乳品包装上的优质乳标识**

优质乳包括优质原料奶和优质加工乳制品两个方面。优质原料奶的核心指标是乳脂肪、乳蛋白、菌落总数和体细胞数，其中乳脂肪和乳蛋白是牛奶的营养品质指标，菌落总数是环境卫生指标，体细胞数是奶牛健康状况指标。在国际上，奶牛场的原料奶达到优质的基本参数是牛奶中乳脂肪含量不低于 3.2%，乳蛋白含量不低于 3.0%，体细胞数不超过 75 万个 /mL，菌落总数不超过 10 万 CFU/mL，污染物或残留物含量符合食品安全标准。奶业发达国家都能够达到这一标准。

营养品质优异和质量安全保障是发达国家乳制品在全球市场具有强大竞争力的主要原因。

　　创建优质乳标识制度，首先要给奶牛场生产的原料奶按照质量标准分级和定价，加工企业按照原料奶的质量分级收购，然后分类贮存加工，加工后的乳制品要明确标识所用原料奶的质量等级，供消费者选择。按照我国奶牛生产实际情况和简单有效的原则，目前，可以把原料奶划分为特优级、优级、优良级和合格级 4 个等级（表 1）。

表 1　我国原料奶质量等级分类参数建议（奶牛场测定）

| 等　　级 | 乳脂肪（%） | 乳蛋白（%） | 体细胞数（万个 /mL） | 菌落总数（万 CFU/mL） |
|---|---|---|---|---|
| 特优级 | ≥ 3.30 | ≥ 3.20 | ≤ 30 | ≤ 10 |
| 优　级 | ≥ 3.20 | ≥ 3.10 | ≤ 40 | ≤ 30 |
| 优良级 | ≥ 3.10 | ≥ 3.00 | ≤ 50 | ≤ 50 |
| 合格级 | ≥ 3.10 | ≥ 2.95 | ≤ 75 | ≤ 100 |

## 2. 提升优质原料奶生产能力

**大力推动奶牛养殖技术升级，以保障优质原料奶的稳定**

生产和供给，是"优质乳工程"的基础。近 20 年来，针对我国牛奶质量普遍偏低，优质乳严重不足的状况，国内有关科研院所和大专院校的奶业科研人员组成优势团队，从饲料资源利用、奶牛营养代谢机理、牛奶品质形成的营养分配途径等方面开展了系统研究，取得了重要技术创新。同时，制定了适合国情的中国奶牛场《良好农业规范 GAP：奶牛控制点与符合性规范》国家标准（GB/T20014.8-2005），确定了优质原料奶生产全过程的关键控制点。通过把技术创新与标准规范组装集成，不断在生产实践中试验完善，最终形成了"优质乳生产的奶牛营养调控与规范化饲养关键技术"成果，已经在生产中得到验证和示范，使蛋白质饲料利用效率提高 8% ～ 15%，乳脂率和乳蛋白率分别达到 3.5% 和 3.1%，牛奶体细胞数低于 40 万个 /mL，菌落总数低于 10 万 CFU/mL，达到国际上优质乳的营养品质和卫生安全水平，为我国奶牛养殖业实现从数量发展到优质发展奠定了坚实的技术基础。

### 3. 规范乳制品加工工艺

全面实施乳制品加工工艺标准化监管，彻底消除企业随意改变工艺的乱象，确保为消费者提供营养丰富、安全可靠的优质乳制品，是"优质乳工程"的保证。即使拥有优质原料奶，如果加工工艺不合理，也不能生产出优质乳制品。比如加工热度不够，就不能达到杀菌的目的，加工热度过强，又会严重破坏牛奶的营养成分（表 2）。

### 表 2　不同热处理对乳制品品质破坏的程度

| 项　目 | | 巴氏杀菌奶 | UHT 灭菌奶 |
|---|---|---|---|
| 热处理温度、时间 | | 72℃，15 s | 135～150℃，6～2 s |
| 保质期 | | 冷链下 10 天 | 常温下 6 个月 |
| 活性蛋白质损变性率（%） | 乳清蛋白 | 几乎无损 | 91 |
| | β-乳球蛋白 | 0.43 | 94.2 |
| 营养损失率（%） | 维生素 C | 10～25 | 60 |
| | 维生素 $B_1$ | 5～10 | 20 |
| | 叶　酸 | 10 | 30 |
| | 蛋氨酸 | 10 | 34 |
| | 胱氨酸 | 4.6 | 34 |

在美国优质乳条例中，单就热杀菌设备工艺一项，规定现场检查有 40 多项指标，涉及安全质量的仪器和装置，均须

加以铅封，一般情况下，企业无权自行打开。在我国，液态奶过度热加工已经成为普遍现象，其根本原因是乳品加工企业收购的原料奶质量差异大，只能靠"一热遮百丑"。在液态奶中，巴氏杀菌奶是名副其实的优质乳制品，它需要优质的原料奶，加工过程的能耗低，是优质、低碳、环保型乳制品。基于这样一个道理，世界上奶业发达国家都走过了一条共同的道路，那就是在液态奶中巴氏杀菌奶占有绝对主导地位（表 3）。

**表 3　不同国家或地区液态奶中巴氏杀菌奶与 UHT 灭菌奶的比例**

| 国家或地区 | 巴氏杀菌奶（%） | UHT 灭菌奶（%） |
| --- | --- | --- |
| 加拿大 | 99.9 | 0.1 |
| 美　国 | 99.7 | 0.3 |
| 日　本 | 99.3 | 0.7 |
| 中国台湾 | 97.6 | 2.4 |
| 澳大利亚 | 92.6 | 7 |
| 中国大陆 | ＜ 20 | ＞ 80 |

在过度热加工的判断指标方面，国际上已经有可以借鉴

的成熟经验。许多国家在 20 世纪 70 年代就已经提出防止牛奶过度热加工的判断指标并制定了相关标准。如欧盟意大利法律规定，无论用什么样的热加工工艺生产巴氏杀菌奶，其中因为热处理而产生的副产物糠氨酸不能超过 8.6 mg/100 g 蛋白质；用超高温灭菌工艺生产超高温灭菌奶时，其中因为热加工而产生的副产物乳果糖不能超过 600 mg/L。这些指标都是判断奶制品热处理真实性的指标，国际乳品联合会（IDF）和国际标准组织（ISO）还专门制定了牛奶中糠氨酸和乳果糖的测定方法，但是在我国始终没有得到应有的重视和应用，值得反思。


## 三、"优质乳工程"的保障措施

### 1. 把"优质乳工程"纳入法规

实施"优质乳工程"事关奶业全面振兴的成败，需要顶层设计和精心组织，其中最重要的工作就是做到有法可依，依法实施。2008 年婴幼儿奶粉事件后，国务院紧急发布了《乳品质量安全监督管理条例》，对稳定奶业起到了决定性作用。近五年以来，我国奶业面临的国内外形势发生了深刻变化，主要任务已经从恢复生产转变为提升消费信心和应对国际进口冲击。因此，及时修订《乳品质量安全监督管理条例》，把"优质乳工程"作为核心内容纳入条例之中，明确各个方面的义务权利、奖惩办法、配套政策，必将为今后十年奶业的全面振兴提供坚实的法律保障。

## 2. 用"优质乳工程"引领奶业扶持政策

奶业创新团队近三年的科研工作表明，我国奶业正处在从安全底线向优质发展的关键转型期，是重振民族奶业、注重营养优质、提升消费信心、调整农业结构、顺利推进粮改饲及草畜业等政策的重要战略机遇期。"十三五"期间，整个奶业的核心任务是发展优质奶业，用"优质乳工程"引领粮改饲、草畜业等重大政策方针的部署落实，质量安全监管、行业管理、科技创新等工作都应该围绕发展优质奶业进行统筹安排，通过"优质乳工程"实施，实现我国奶业的伟大振兴。

## 3. 建立"优质乳工程"实施的组织构架

**政府部门应该发挥主导作用**。"优质乳工程"涉及农业、工信、卫生、质监和物价等不同部门，因此，中央政府应该有负责食品安全的综合部门负责领导，由各级地方政府直接组织实施。各级政府管理部门应该把"优质乳工程"作为实现我国奶业振兴的抓手，围绕优质乳标识、原料奶质量分级、加工工艺等关键环节，完善相关政策和标准，推动"优质乳工程"制度化。

**行业协会是重要力量。**许多国家发展优质乳的经验表明，行业协会可以作为"优质乳工程"的具体执行者。通过接受政府委托，行业协会依法检查和监督乳制品加工企业和原料奶生产单位对优质乳法规和标准的实施情况，并定期向政府管理部门和消费者报告实施进展，保证检查和监督过程的公开和公正。

**生产企业是实施主体。**生产企业要清醒地认识到，优质乳产业不但利国利民，更是企业的生命，是企业再次取信于民、振兴腾飞的重大机遇。要真正从婴幼儿奶粉事件中吸取教训，做到举一反三，认真执行优质乳的政策法规和标准，自觉地接受监督检查，勇于承担历史使命，努力提高质量安全水平，力争为消费者提供值得信赖的优质乳制品。

**"优质乳工程"**不是一个项目或一场运动，而是一项需要制度化和长期坚持的事业，是惠及每个家庭，造福子孙后代，利国、利民、利企的伟大事业。

# 参考文献

国家食品药品监督管理总局. 国家食品安全监督抽检显示：
2015 年食品安全整体形势稳中趋好 [EB/OL].（2016-02-
02）. http://www.sfda.gov.cn.

国家统计局. 国家统计局数据库 [EB/OL]. http://data.stats.
gov.cn.

联合国粮农组织（FAO）. Worldwide regulations for mycotoxins
in food and feed in 2003. FAO Food and Nutrition Paper 81.
Rome：Food and Agriculture Organization，2004.

农业部奶业管理办公室，中国奶业协会. 2015 中国奶业统计
摘要. 2015.

欧盟委员会. 欧盟食品与饲料快速预警系统（RASFF）.
RASFF annual report 2013 [EB/OL]. http://ec.europa.eu/food/
safety/rasff/docs/rasff_annual_report_2013.pdf.

欧盟委员会. 欧盟食品与饲料快速预警系统（RASFF）.
RASFF annual report 2014 [EB/OL]. http://ec.europa.eu/food/
safety/rasff/docs/rasff_annual_report_2014.pdf.

欧洲食品安全局（EFSA）. Report on the implementation of national residue monitoring plans in the member states in 2013（Council Directive 96/23/EC）[R/OL]. 2015. http://ec.europa.eu/food/safety/docs/cs_vet_med_residues-workdoc_2013_en.pdf.

王加启. 建议我国实施优质乳工程 [J]. 中国畜牧兽医，2013，（S1）：1-8.

新华社新华网. 我国生鲜乳连续 7 年三聚氰胺抽检合格率 100% [EB/OL].（2015-08-18）. http://news.xinhuanet.com/food/2015-08/18/c_128141931.htm.

英国食品安全局（UKFSA）. Survey gives milk all clear on cancer chemicals [EB/OL]. 2001. http://www.food.gov.uk/news/pressreleases/2001/sep/milkcancer.

Galvano F，Galofaro V，Ritieni A，et al. Survey of the occurrence of aflatoxin M1 in dairy products marketed in Italy：second year of observation [J]. Food Additives and Contaminants：Part A，2001，8：644-646.

Henry S H，Whitaker T B，Rabbani I，et al. Aflatoxin M1，Chemical Safety Information from Inter Government

Organizations [EB/OL]. 2001. www.inchem.org/documents/ jecfa/jecmono/v47je02.htm.

Han RW，Zheng N，Wang J Q，et al. Survey of aflatoxin in dairy cow feed and raw milk in China [J]. Food Control，2013，34：35–39.

Iqbal S Z，Jinap S，Pirouz A A，et al. Aflatoxin M1 in milk and dairy products，occurrence and recent challenges：A review [J]. Trends in Food Science & Technology，2015，46：110–119.

Kriengsag S. Incidence of aflatoxin M1 in Thai milk products [J]. Journal of Food Protection，1997，60：1 010–1 012.

Kim E K，Shon D H，Ryu D，et al. Occurrence of aflatoxin M1 in Korean dairy products determined by ELISA and HPLC [J]. Food Additives and Contaminants，2000，17：59–64.

Martins M L，Martins H M. Aflatoxin M1 in raw and ultra high temperature treated milk commercialized in Portugal [J]. Food Additives and Contaminants：Part A，2000，17：871–874.

Shundo L，Navas S A，Conceicao L，et al. Estimate of

aflatoxin M1 exposure in milk and occurrence in Brazil [J]. Food Control，2009，20：655-657.

Van Renterghem R，De Block J. Furosine in consumption milk and milk powders [J]. International Dairy Journal，1996，6：371-382.